KPF

细品

KPF 建筑设计事务所 著

U0294602

中国建筑工业出版社

Kohn Pedersen Fox Associates / 细品

目录

关于本书

本书以KPF项目为例，介绍了建筑师在建筑设计过程中所采用的一系列措施和策略。因此，本作品集的组织架构并不是基于材料种类，而是基于材料塑造所采取的方式方法，重点关注建筑的建造方式。

通常情况下，建筑材料和施工技术密切相关，工艺和产品也是相互交织、紧密相连。但建筑师在建筑设计建造过程中所采取的措施和策略也同样非常重要。我们认为，建筑师积极理解和参与各种工艺过程，无论手工工艺、机器生产、装配顺序或化学转化，能赋予作品生命，让作品更有灵魂，更具特色，且功能性更强。

虽然工艺和技术有时与细节和精心制作相关，但它们也可以构成建筑设计整体主题的基础。砌砖图案可以深化为复杂的拱顶方案，型钢外形可以影响塔楼框架系统，钢筋混凝土模块则可以用来组织建筑平面。正如音乐、物理、生物学和数学一样，建筑设计中细节与宏观秩序的目的性连接能很好地体现并彰显统一美学、功能效率，清晰表达设计意图。

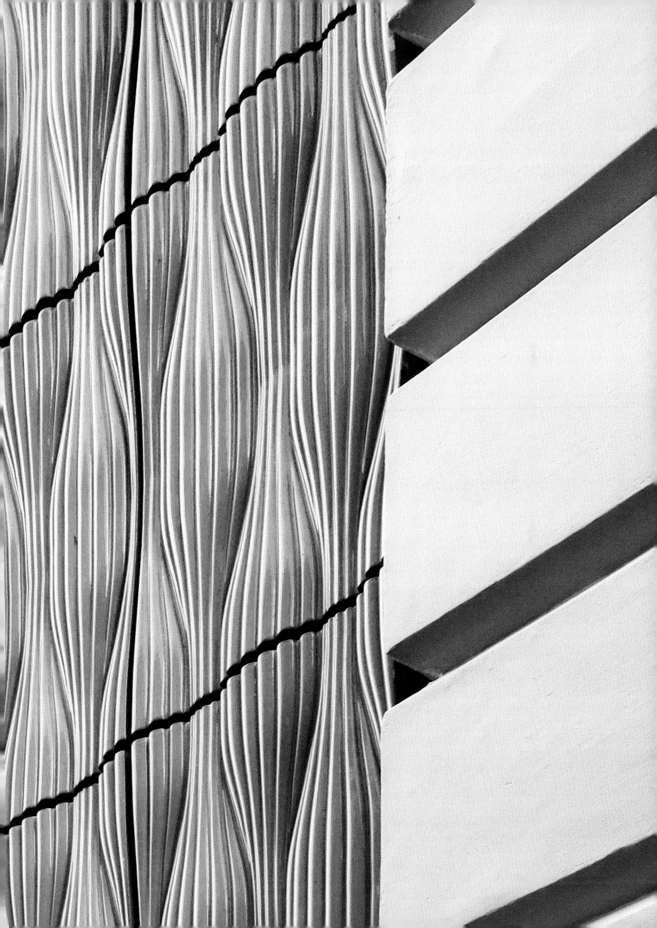

论工艺

KPF的实践根植于这样一种理念, 即一个宏大的设计概念只有在具体实施细节中仔细、严密地深化才算获得成功。从根本上说, 一个建筑理念只有以物理形式表达出来, 支持并细化其原始概念, 才不算空洞。

当代大型建筑的设计建造往往会在理论意图和现实实践之间出现巨大的鸿沟。计划、预算和后勤管理的严苛导致设计和施工阶段的分离。今天的建筑师不再承担传统的、更广泛的"所有行业的大师"和"工程办事员"的角色。特别是在大型建筑设计项目中, 一位设计师专注于概念开发, 而另一位设计师则会花上数月或数年的时间来完成楼梯详图或钢结构施工图等部分工作, 而不了解其最初的、更广泛的设计意图。那么, 要进一步实现更综合化、更整体化的建筑设计, 我们该如何做呢?

KPF的建筑师通常会优先考虑"制作"过程及其所有阶段的连续性。个人在具有凝聚力的团队中工作, 团队负责项目从概念图到建筑投入运营的整个生命周期。自始至终, "工艺"的概念将设计与实施联系在一起, 不断打磨优化生产技术。传统砖砌的图案、细木工的逻辑以及新发明材料的现代技术都是建筑概念的重要组成部分, 而概念本身在最小的细节, 甚至大到整个项目都得到了体现。

为了理解设计和制作之间的关系, 了解作为设计师、制造者和建造者的角色建筑师是如何随着时间的推移而演变的提供帮助。我们不用全面了解建筑历史, 只需通过一些重要事件和有影响力的人物, 便可以了解人们对建筑创作态度的转变。

从15世纪的意大利开始, 透视图为建筑师提供了一种构思空间的新工具。菲利波·布鲁内莱斯基(Filippo Brunelleschi)具备这样的表现

本文改编自KPF总裁兼设计执行总监詹姆斯·冯·克伦佩雷尔(James von Klemperer)在北京清华大学的演讲。2018年5月, 在清华大学建筑学院举办的"KPF出品"巡回展览上, 詹姆斯·冯·克伦佩雷尔发表此次随展演讲。

佛罗伦萨大教堂及其著名的中央教堂,
由齐戈里绘制

技巧, 被称为"全面建筑师"。虽然他最著名的是参与了佛罗伦萨大教堂的设计和建造, 但他最初实际上是一位雕塑家和工匠。虽然在洗礼厅青铜门青铜浮雕的设计竞赛中, 他输给了洛伦佐·吉贝尔蒂 (Lorenzo Ghiberti), 但他随后成功完成了建造大教堂圆顶的任务。作为一名金工技工, 他的技术天赋影响了他在城市建筑领域的工作, 使他提出了张力链, 最终使他的结构概念成为可能。

作为大教堂的首席建筑师, 布鲁内莱斯基考虑了一系列高度复杂的设计挑战的方方面面, 包括建筑过程和装配顺序。他不仅设计了由压缩抛物线和链式拉力环组成的圆顶结构, 还设计了其脚手架和一个用于从街道水平提升砖石建筑的新系统。根据他对生产过程的了解, 他甚至规定工人们什么时候吃什么、喝什么。他成功地承担了多样化的角色, 为巨大工程的成就做出了贡献, 成为我们现在可能称之为"文艺复兴者"的人物。

布鲁内莱斯基将概念思维与建筑实践结合起来, 模糊了思考和制造之间的界限, 是此类建筑师的一个范例。建筑史的后期展示了一系列在"整合"和"分离"实践的两极之间摆动的钟摆。值得注意的是, 伴随着多次工业革命的机械化浪潮对实现建筑设计的整体人文主义方法的雄心壮志提出了挑战。

红屋, 威廉·莫里斯位于伦敦郊外的英国工艺品之家

从19世纪早期开始, 欧洲工厂建立了新的生产力和效率标准。随着工程和工业的发展, 新的社会秩序应运而生, 带来了巨大的机遇和挑战。工艺和机器之间的内在冲突向建筑理论家和实践者提出了根本性问题。

包括约翰·拉斯金和威廉·莫里斯在内的英国建筑理论家支持英国工艺美术运动, 批评了工业生产与工艺传统的分离。他们推崇本土物质文化, 主张建筑师最大限度地参与设计。理想的"工匠-设计师"应该将纺织品、家具和石雕的设计与更大范围的建筑设计联系起来,将个人与制造过程联系起来,打造出更有意义的生活环境。

在20世纪早期,德国工业同盟的成员受到赫尔曼·穆西修斯的影响,提出设计应包含与工业过程相结合的概念。彼得·贝伦斯的AEG涡轮机工厂(1909)在证明大规模工业可以同时具有实用目的和美学价值方面具有重要意义。工业设计的相关产品,如AEG灯泡,诠释了艺术与机器的结合。

后来,包豪斯进一步将艺术与工业结合起来。瓦尔特·格罗皮乌斯是该学院的创始人之一,或许也是该学院历史上最重要的领袖人物之一,他倡导"整体艺术"(Gesamtkunstwerk),将建筑作为主要学科。包豪斯的课程和作业,用车轮状图表表示,包括绘画构图等正式的研究,同时也强调对材料和建筑科学的探索。这种工业工艺的方法影响了当时许多先锋的建筑,强化了建筑专业精通生产过程的概念。在哈佛担任院长期间,格罗皮乌斯设计了宿舍,他不仅设计了建筑的围护结构,还设计了椅子、地毯和灯具。他强调这种跨专业工作方法,同时教导建筑师应该考虑影响我们日常生活中的每一个物理对象。

位于德国阿尔菲尔德的法格斯工厂由沃尔特·格罗皮乌斯和阿道夫·梅耶设计,是包豪斯学院的早期代表,现已被联合国教科文组织指定为世界遗产

与此同时,许多20世纪建筑师倾向于抽象化表达和强调实用性,引起了不少负面效应。通过严格组织和设计的住宅和办公空间,实现效率和秩序优先于舒适度和亲切感。在《玩乐时间》(Play Time' 1967)影片中,法国电影制作人雅克·塔蒂讲述了一个被疏远的普通人的警世故事。这个被疏远的普通人进入高耸的写字楼群,迷失在狭窄的工位形成的迷宫之中。男主角努力在一个缺乏人情味的现代世界中穿行。传统乡村和机械化城市形成了鲜明的对比,并因此提出了我们如何创造建筑环境的问题。建筑师在有机化与机械化之间摇摆不定。直到现在,这个话题仍在建筑对话中占据一席之地。

KPF设计的上海新天地朗廷酒店和安达仕酒店考虑了周围的环境,并与附近历史悠久的里弄住宅和石库门建筑进行了对话

在当代中国,我们也有类似的辩证。在20世纪上半叶,很多历史建筑没有得到足够的重视。许多重要的纪念碑被遗弃,年久失修。梁思成和林徽因是毛泽东的亲密顾问,在很大程度上改变了这一进程,发起了一场记录这些建筑的运动,并倡导保护这些建筑。在回到北京之前,他们曾在美国学习艺术和建筑,可能曾被认为是那种会批判或直接拒绝传统的世界主义知识分子。然而,作为坚定的爱国主义者,他们捍卫古建筑的固有价值,包括木结构寺庙。他们研究文献并努力记录。这对当代实践仍然具有启发意义。

这些案例告诉我们:为什么我们要用批判性思维来研究建筑历史和做法。我们的使命是理解和整合特定物理和文化背景的固有特征,并将我们的发现应用到当代设计中。KPF设计的上海新天地朗廷酒店和安达仕酒店就是这种积极诠释历史的一个案例,其考虑了周围的环境,并与附近历史悠久的里弄住宅和石库门建筑进行了对话。租界时期采用的石板灰砖墙、雕刻的陶土屏风和定音鼓建造的小型里弄建筑赋予其基本特征,在它们身后矗立着一对酒店建筑。这对酒店建筑的石材外立面在较大层面上展现传统屏风纹理。这些新结构设计在规模、材料和外形特征方面形成明显对比,创造了生动的视觉对话,并有助于营造该街区的场所感。

从本书中的KPF该作品和其他作品中,我们意识到要在欣赏我们的历史环境与创造新的建筑方法之间取得平衡。可用材料、制造方法、行业技能和新技术的不断变化使我们不断适应和创新。这不仅适用于建筑产品,也适用于我们研究、可视化和记录建筑设计的方法。

近几十年来,计算机脚本极大地帮助了我们发明和实施新创意。在KPF,我们使用原始算法和专有脚本,使我们进一步实现我们的工艺,而不是充当设计师直觉的代理。例如,在打造迈克·高仕(Michael Kors)商店立面的项目中,需要营造动态的氛围光秀视觉效果。KPF团队使用了新颖的数字系统,与Grasshopper软件配合使用,生成了涂层铝瓦排

为了打造上海静安区迈克·高仕商店
的动态立面，KPF团队设计了数学模
型系统，使用Grasshopper软件生成
银钛涂层铝板的竖向组合

布，其最佳角度最大限度地提高了光反射率。在另一个机器辅助工艺的
项目案例中，如果不能对模型进行数字操作和测试，并通过计算机数控铣
削的精度实现它，纽约市杰克逊广场起伏的竹子内饰是不可能实现的。

在这些技术进步中，正如在传统手工制作的复杂产品中一样，我们
看到了进一步发展植根于建筑丰富工艺传统的创造性实践的可能性。使
用数字脚本来提供信息，甚至生成实现深思熟虑的设计的方法，这种做
法越来越普遍。这导致了在美国、英国和其他因高劳动力成本而失去大
量实物生产的地方创造性制造的重新出现。在过去的10~20年里，我们
受益于众所周知的"家庭作坊"现象，这种现象在布鲁克林的红钩区(Red
Hook)和哈克尼的肖尔迪奇区(Shoreditch)等城市社区蓬勃发展。快速
原型制作、复杂三维建模和虚拟现实设备在扩展我们的能力方面发挥了
作用，同时帮助指导构思过程并推动创造性实践。

当代建筑实践将从这些新的技术工艺运动中受益匪浅。在未来几
年，我们看到了挑战。社会公平、环境可持续性和城市密度等关键问题需
要创新和综合思考。我们的目标是将传统的制造技术与数字分析 以及其
他形式的自动化工艺相结合，以进一步实现我们的使命，提供持久的有
用性，促进社会改善，打造美丽和有意义的场所。

右图：KPF设计的纽约杰克逊广场大
厅，灵感来自河岸或峡谷的流动形式，
随着时间的推移被潮涨潮落侵蚀

项目案例

铸造

蓝塘道23-29号
中国香港

铸铜屏风唤起了紧凑城市环境中联排别墅的私密性和人的尺度感。

　　蓝塘道23-39号将一种新的住宅类型（联排别墅）引入了香港。九栋豪华住宅坐落于独特的狭长地带，南面城市区域建筑密集，北面是绿色山坡。中国文化的传统元素，如折叠屏风、长城和舞龙，与棱角分明的玻璃和米色花岗石立面相呼应，构成了独特的街墙景观。从微观角度，每个单元都展示了手工制作的铸铜屏风和门细节，这得益于精心"大规模定制"，获得了最佳材料效果。

　　KPF决定使用青铜，源于其丰富、温暖和吸引人的视觉特征。因此，项目团队对20多种合金混合物进行了测试，以获得所需的颜色——介于深棕色和金色，暗淡苍白和过度饱和之间的最佳点。此外，还需要确定材料的铜绿水平及其不可避免的氧化的方法。出于对铜器优雅陈旧的共同愿望，研究小组达成了一个折中方案，即屏风将不具有可见的光泽，但保持稳定，而不是使用会使金属石化的聚合物。同时，业主承诺在两年内每两个月涂一次蜂蜡，以防止青铜与氧气接触。

　　设计和制造过程还展示了青铜雕塑和工业品质的融合，平衡了成本控制和视觉完整性。KPF与创意设计工作室UAP（城市艺术项目）合作，委托当地艺术家进行屏风设计，形成单元共享车道和单独入口之间的可渗透边界。项目团队没有为每个单元定制屏风，而是在该项目的别墅中使用了两种面板类型，以不同的模式进行组合，大大激发了视觉趣味性。此外，KPF决定在铸造过程中保持青铜敦厚的品质感，液态金属在设计的沙模中凝固。最终产品展示出沙子有机、不完美的质地感。

　　这些细致的决定成功营造出温馨的场所感，石材的运用恢复了场地的自然轮廓线、打造了水培、垂直绿墙和室外空间。低密度住宅方案是香港典型塔楼式住宅环境的有力替代方案。

开发商：隆地产
规　模：13000m² / 139500ft²
业　态：住宅
团　队：吕元祥建筑师事务所
（Ronald Lu & Partners, 主要建筑设计方及室内设计）

该概念草图展示了蓝塘道23-29号与
街道的关系, 将居户空间抬高以减少
交通噪声, 增加私密感

玻璃幕墙的多重折叠形成了适于居
住的袋状阳台空间, 而沿着九座联排
别墅的波浪形立面形成了一道充满活
力的街道墙

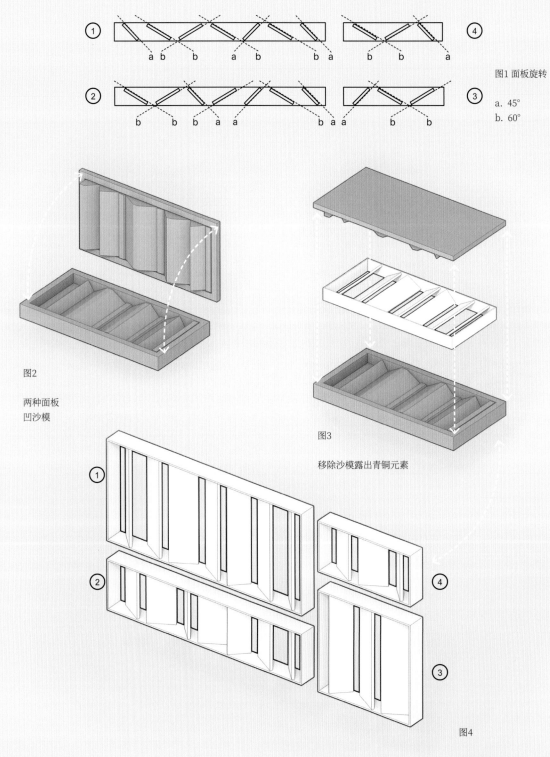

图1 面板旋转

a. 45°
b. 60°

图2

两种面板
凹沙模

图3

移除沙模露出青铜元素

图4

四个铸件组合成一个面板

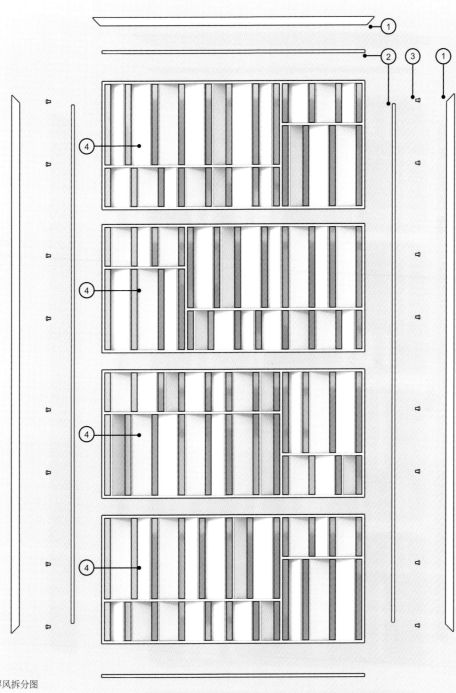

图5 青铜屏风拆分图

① 主框架
② 次框架
③ 紧固件
④ 铸铜面板

设计团队对一系列不同质地的饰面以及小型铜面板氧化水平进行了测试

使用模型对选定的纹理和光泽在不同的光线条件下进行测试

小心安装两种面板凹沙模

将铝模放置在沙中，然后移除形成一个凹模

一旦浇注的熔化金属冷却, 就从沙模中取出金属铸件

基于确定的几何形状和质地制作铝模

四个小铸件经过清洗和焊接, 形成一个基础模块

在清理表面后, 运用铜绿配比达到预期效果

雕刻

第五大道712号
美国纽约州纽约市

曲面玻璃和雕刻石头表面折射光线, 使得建于20世纪90年代的办公大楼内的紧凑型大堂变得明亮, 并且看似放大。

　　翻新后的第五大道 712 号大堂宁静、做工优雅,鼓励人们在温馨的环境中逗留,而不是简单地穿过,并为最初由 KPF 于 1990 年完成的多功能建筑注入新的活力。在保持规模、布局和业态不变的情况下,设计通过将现代美学与博物馆品质的材料相结合,采用创新生产技术来改变玻璃和石灰石,为该空间注入了一种新的巧妙感。

　　雕刻的玻璃墙本身就是一件蜿蜒的艺术品,定义了大堂的外观和入口,迎接着街道上的顾客。办公大堂定制曲面玻璃墙从这座历史悠久的建筑地标——亨利·班德尔(Henri Bendel)店面所采用的3D 浮雕玻璃中汲取灵感,将传统与创新无缝融合。考虑到有机材料在弯曲和冷却后会出现自然不规则性,设计团队在宾夕法尼亚州布鲁莫尔的制造现场进行了模拟审查,以确保封闭的空腔钢结构系统能够适应每个14 英尺(≈4.3m)高曲面玻璃界面半径。

　　法式石灰岩墙呼应玻璃雕塑特性,设置富有表现力的长凳。这些长凳为游客提供休息的地方,并鼓励用户成为建筑的一部分。设计团队进行了找形,并为每块石头制作了原型以进行立体切割。这是一个 3D 打印过程,以评估每块石材的几何形状、完整性和工艺。 在里斯本以外地区,设计团队匹配了石灰石块。这些石灰石块在 CNC 机器上经过两次雕刻和手工完成后,会给大堂营造一种凝聚力。纽约的专业安装人员在现有空间内重新组装了这些拼块,确保石块间石头纹理和图形无缝连接。

　　第五大道712号大楼改造后的大堂空间散发着微妙的灯光,将焦点集中在玻璃和研磨石灰石的弧形结构上,秉承纽约市大堂体验的传统。

业　主: 帕拉蒙特集团
面　积: 480m² / 5200ft²
业　态: 办公

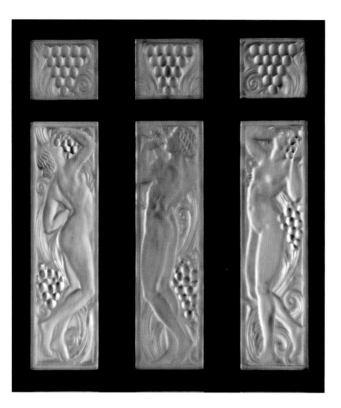

第五大道 712 号大楼大堂的灵感来自经典细节和雕刻形式。其坚固的石灰石和透明玻璃经过雕刻，展现有机外形并鼓励触觉体验。

在设计阶段，设计团队参照罗丹未完成的石雕，以及邻近亨利·班德尔店面保存完好的浮雕玻璃墙

带状玻璃墙折射光线在人们进入大堂空间
时扭曲人形,让游客成为建筑的一部分

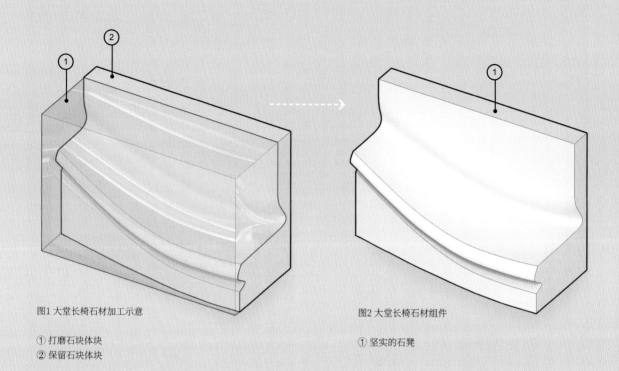

图1 大堂长椅石材加工示意

① 打磨石块体块
② 保留石块体块

图2 大堂长椅石材组件

① 坚实的石凳

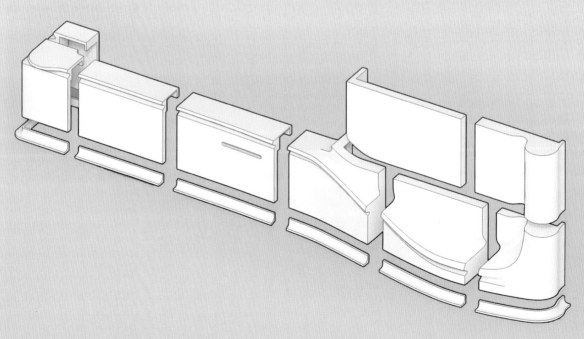

图3

大堂长椅和桌台的CNC打磨构件

CNC打磨构件用现代化方式演绎在哥特
式建筑中的切割做法

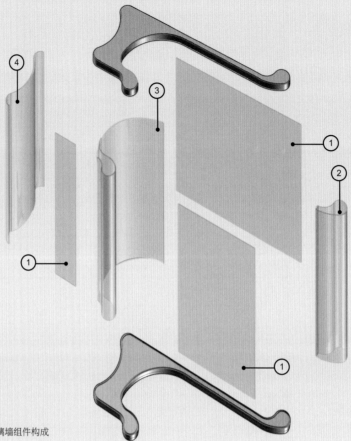

图1 玻璃墙组件构成

① 扁平板
② 四段多半径曲面板
③ 五段多半径曲面板
④ 三段多半径曲面

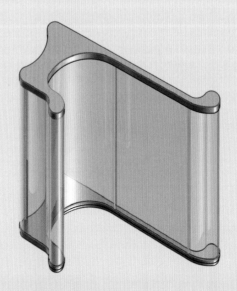

图2 玻璃墙组件

早期设计采用防火丙烯酸材料代替玻璃。设计团队将其称为"天使之翼"，因为这是从该工作模型上方观察时看到的外形

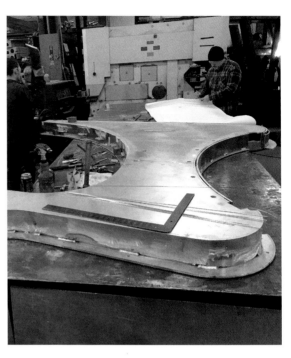

将材料改为玻璃后，宾夕法尼亚州布鲁莫尔的一个实体模型确保封闭的空腔钢结构系统能够适应每个曲面的精确半径

设计团队与玻璃制造商克里斯塔库尔瓦合作，完善了层压曲面退火嵌板玻璃半径

该实体模型模拟每个14英尺高曲面玻璃剖面冷却时会发生的变化，不可避免地会在嵌板玻璃的顶部到底部产生细微的差异

3D打印展现石灰石墙的各个剖面,揭示了潜在的石刻深度问题。设计团队使用这些原型来完善每个石块的几何形状

在里斯本以外地区,设计团队进行了一次石块审查,并选择了具有黏着性的石灰石作为初始切割选型,以展示每个石块的真实颜色

制造团队手工雕琢每个石块,并在运送到纽约工地现场进行安装前,进行了最终审查

在现有空间安装完成石灰石板后,第五大道712号大楼大堂开始成型

拓印　　　　　苍鹭大厦
　　　　　　　美国佛罗里达州坦帕

雕刻般弯曲造型激活混凝土板,反射光线并展
现入住规模。

苍鹭大厦(Heron)的设计灵感来源于佛罗里达州珊瑚礁的自然结构、纯洁与活力,为坦帕滨水区域增添了又一独特标志,标志着该市著名的河滨步道和坦帕水街新社区的起点。

建筑设计采用创新做法,最大限度地减少了建筑结构包层,并突出两座住宅楼的原始造型和多样化表达方式。针对两座塔楼外立面,设计团队选择外露混凝土板,压印出自然纹理,在包裹每个阳台时以有机的触感提升结构材质,成为一种必不可少的纹理,设定居民私密户外空间基调。

独立环绕式阳台既可用作下方公寓的遮阳装置,也可用作光扩散器。设计的饰面旨在将光线间接反射到各个单元中。阳台连接处的角度变化展现内部空间规模,使单元本身成为塔楼的标志性特征。

虽然西塔与地面直接相连,但是东塔被抬高,坐落在雕塑般树状柱上方,为居民营造一个令人难忘的前门。倾斜塔楼朝向水面,并且最大化两个体块之间的距离以优化采光并实现无遮挡视野。

商业裙楼连接两座塔楼,采用穿孔金属网以遮挡露天停车场,并促进自然通风。金属网喷漆参照坦帕砖仓库和历史悠久的雪茄工厂色调,其巧妙倾斜以捕捉光线并激活行人尺度立面。本建筑整合精细中富有颗粒感的天然材料,注重人类体验,让租户感到踏实并受到启迪。苍鹭大厦体现了世界上第一个获得WELL认证社区坦帕水街的健康导向愿景,满足LEED金级认证标准,包括旨在促进健康和整体福祉的设施和业态。

业　主: SPP(Strategic Property Partners)
面　积: 81000m² / 872000ft²
业　态: 住宅、商业
团　队: 雷蒙德·容格拉斯事务所 (Raymond Jungles, 景观建筑)
塞科尼·西蒙尼室内设计公司 (Cecconi Simone, 室内设计单位)

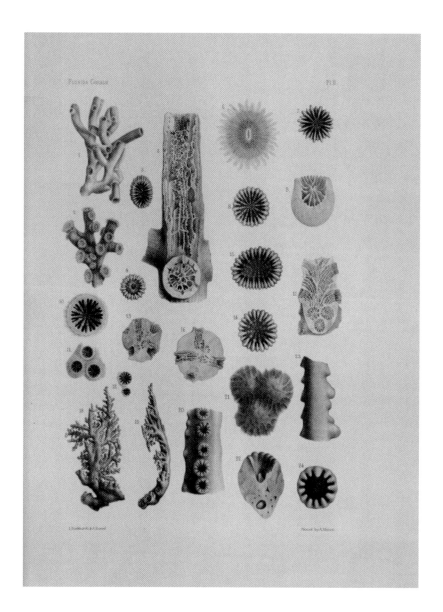

苍鹭大厦的设计灵感源自其周边自
然环境, 如佛罗里达的珊瑚礁和开
花树木, 以及坦帕的工厂和仓库。
设计提倡采用原材料, 并展现优雅
的造型结构

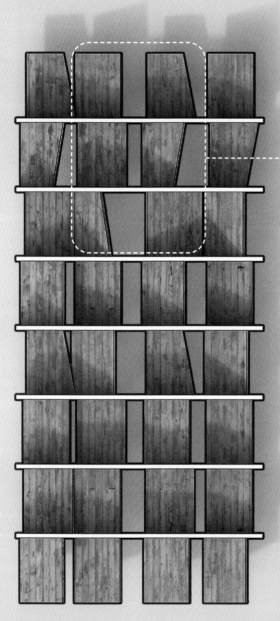

图1 北立面图

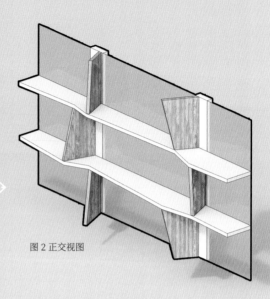

图 2 正交视图

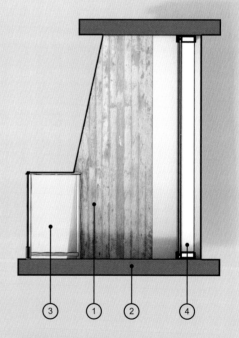

图3 剖面图

① 混凝土板阳台隔墙
② 板
③ 玻璃护栏
④ 金属竖框

团队审查了苍鹭大厦的树状柱实体模型以评估在不规则结构上面应用混凝土板的情况

苍鹭大厦的阳台全尺寸实体模型协助选择玻璃护栏，与外露混凝土相得益彰

本图片显示工地树状柱成型，接缝处尚未处理

考虑到高层浇筑混凝土，在施工阶段，采用钢结构加固阳台

团队对裙楼层进行了实地考察。在裙楼层，混凝土板与商业橱窗空间
交替布置

该设计将商业层混凝土带与停车层穿孔金属板并列布置，增加深度和
纹理感

混凝土最终形成的木板状纹理从宏观层面上体现材料纹理的大量变
化手法

随着施工接近完工，阳台开始呈现有机造型

分层

花卉苑
英国伦敦

当代建筑融入保护区的现有肌理。

花卉苑(Floral Court)围绕新建庭院和步道布置,实现现代建筑与翻新历史建筑交织交融,并穿过考文特花园保护区先前隔断区,营造出一个真正具有长久场所感的新目的地。KPF作为总体规划单位和建筑设计单位协助将该历史街区重塑成一个生机勃勃的复合功能区。

花卉街上新住宅楼尊重周边由手工砖和钢架窗户建造的仓库所采用的传统建筑表现形式。显眼的地标建筑包括一系列飘窗,不仅划定街道拐点,而且构成詹姆斯街的远景终点,与对面的皇家芭蕾舞团的"渴望之桥"进行了建筑对话。这座塔楼设想为"建筑中的建筑",让人联想到考文特花园水果和蔬菜市场的堆叠板条箱。在内部靠窗的座位和书房空间,人们可以俯瞰狭窄而热闹的街道。

通道两旁布置商店橱窗,将行人从花卉街和国王街引到庭院绿洲,在周围热闹环境中营造一处静谧空间。在庭院上方,周围公寓的阳台和露台逐渐上升,与该地区充满活力的屋顶景观相映成趣。

业　主：卡普科有限公司(Capital & Counties,
简称Capco)
面　积：13000m² / 140000ft²
业　态：住宅、商业

新建筑尊重场地的历史意义。外墙由
手工砖和钢架窗户组成。成对窗户参
照街道大小设计

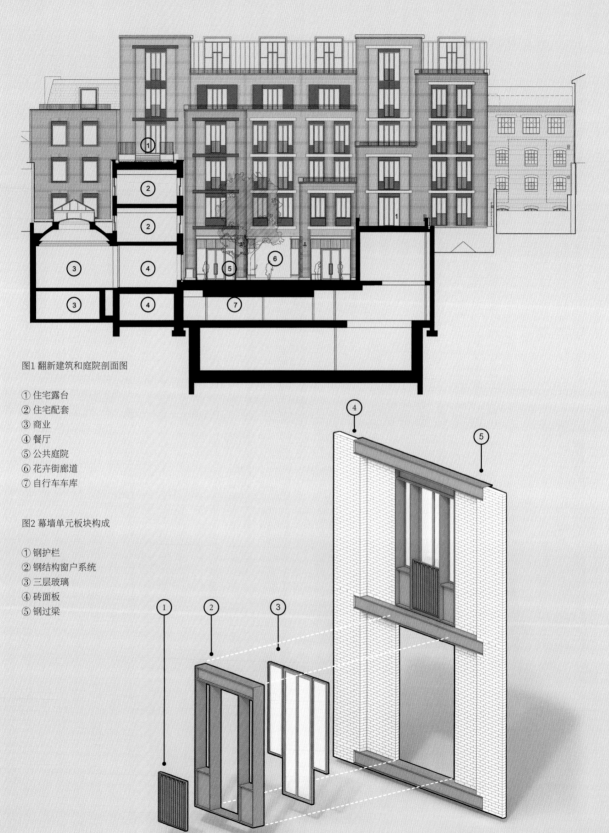

图1 翻新建筑和庭院剖面图

① 住宅露台
② 住宅配套
③ 商业
④ 餐厅
⑤ 公共庭院
⑥ 花卉街廊道
⑦ 自行车车库

图2 幕墙单元板块构成

① 钢护栏
② 钢结构窗户系统
③ 三层玻璃
④ 砖面板
⑤ 钢过梁

KPF设计师选择采用手工砖以尊重该历史街区的肌理和材料特征

设计师寻求一种现代化表达方式,选择两种色调的长板

他们根据考文特花园现有的砖块评估砖块样板

紧凑市中心地块带来了多重施工挑战,指定采用砖面预制混凝土板

真正的青铜制品与砖块的色调相得益彰，并参考了该地区的传统

采用镶板立面最大限度地减少了对繁忙购物区的干扰

色调、退界区域和钢过梁的自然变化让人联想到花卉街的肌理和材料特征

建筑设计灵感源自场地曾经的仓库，但体量及比例极具现代感

组合　　　　伍斯特街27号
美国纽约州纽约市

精致外立面结构让人联想到SOHO区铸铁建筑。

伍斯特街27号是呼应附近19世纪铸铁产业背景的当代建筑，重新演绎纽约市历史建筑区——SOHO区标志性产业重要特征。通过运用铁、石材、砖及玻璃产品，该街区建筑展现制造与工艺艺术传统。尽管众多周边建筑已被现代化建筑所取代，但是KPF采用类似设计方法并考虑周边环境，打造伍斯特街27号地标性转角地块。

这座精心设计的九层楼高公寓坐落在由花岗石和钢铁组成的基座上，设有一个住宅大堂、两个商业单元和一个私人十车位停车库。通过引入窗侧壁及竖向石板结构，其体量响应端部结构历史特征。这种微妙的分离方式协调毗邻的19世纪铸铁外立面与新建大楼所采用的当代玻璃、金属及石材组合结构。

设计还参照邻里街区所用材料，并考虑具体历史特征：连续可开启玻璃窗单元的竖向表达定义建筑围护结构，穿孔金属板、灰色花岗石、玻璃栏杆和微妙色差融合在铝和玻璃观察窗构成布置中，人行道与街道层节点（如SOHO标志性菱形格栅和带有玻璃泡的钢铁铺设系统）融入入口通道。大堂室内空间设有挂珠式金属屏，再次在细微尺度上展现该主题。通过巧妙设置镂空圆形的图底关系，金属屏确保遮阳和私密性。

业　　主：斯塔沃斯基集团（Stawski）
面　　积：4900m² / 52200ft²
业　　态：住宅
团　　队：托马斯·尤尔汉森（Thomas Juul-Hansen ,室内设计师）

伍斯特街27号设计灵感源自SOHO
区具有历史意义的铸铁外立面系
统, 组合周边建筑各种模块化窗户

图1

两面嵌入式竖框

图2 幕墙单元分解图示

① 扶手
② 白色钢竖框
③ 暗灰色钢竖框
④ 可开启窗

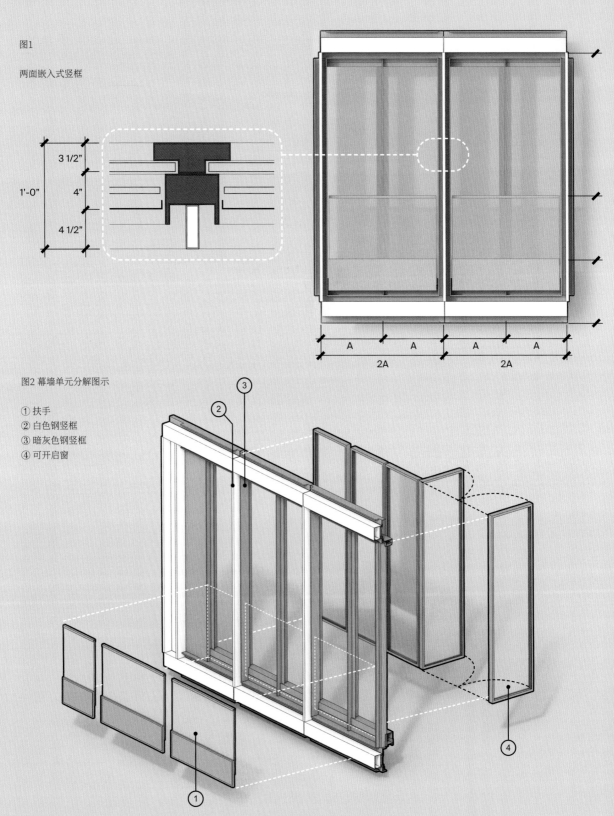

伍斯特街27号大楼外立面的韵律、规
模和比例受该街区铸铁建筑窗户模
块的深入分析启发，并与深浅色材料
形成对比

该团队在现场审查了材料样本，以评估该街区环境中对比鲜明的调色板

砖墙模块设计旨在尊重附近的隔墙，并增添外立面深度和质感

全尺寸模型帮助团队最终确定了分层立面的比例和图案。每个元素都添加到后面的层以增加该系统深度

另一个模型展示了建筑物转角窗墙系统，包括可开启窗护栏和深浅色材料搭配

这是一张施工照片，显示正在向上建设的混凝土建筑。结构柱网基于理想的房间布局

典型角落单元体现设计的透明度和视野，同时尊重该街区的肌理，包括砖石外墙、铸铁结构，以及伍斯特街27号大楼的定制系统

外墙设有一系列恰当的结构单元，从而将建筑围护结构与后面的房间连接起来

通常出现在SOHO区人行道上的菱形板为商业店铺饰面增添了一种动态材料，连接地面和垂直面

堆叠　　　　**亚利桑那州立大学凯瑞商学院**
麦克德大厅

美国, 亚利桑那州, 坦佩

纹理砖外立面与周围沙漠环境的水平感和矿物性相呼应。

这座教育建筑的砖外立面取材于当地,成本效益高,与外露的混凝土、木材和当地植物相呼应,符合当地气候条件。

亚利桑那州立大学凯瑞商学院的麦克德大厅(McCord Hall)位于坦佩,亚利桑那州立大学商学院区的东部边缘。四层楼高的大门是从东北角的棕榈大道进入学校的入口,而在西南角,广场向游客和商学院社区开放。

该建筑弧形外立面采用凸出的"楞条纹"砖以及带金属肋板的大竖窗。其形状增加了凸砖阴影的自然活力,像日晷一样,对坦佩持续的强日光做出反应。总之,该建筑温暖、丰富的泥土色调与亚利桑那州立大学现有校园和干旱的沙漠景观相协调。

从大楼各楼层均可看到麦克德大厅的户外广场,广场既是开放的公共空间,也是研究生社区之家。现浇混凝土结构为室外公共走道和出口楼梯提供遮阳,而圆顶天眼则通过其拼凑的不锈钢圈,聚焦天空,并在夜间点亮可编程LED灯,提供照明。

2020年,该建筑获得了砖筑奖(Brick In Architecture Awards)的最高荣誉,被评为高等教育建筑类别的最佳建筑。

业　主: 亚利桑那州立大学
面　积: 12000m² / 129200ft²
业　态: 教育类项目
团　队: RSP(执行建筑师)

麦克德大厅的灵感源头丰富。设计研究考虑了阳光进入
风化岩石峡谷的方式，以及万神殿聚焦太阳和天空的圆
顶天眼。与日晷一样，楞条肋板和外凸金属肋板投射的
动态阴影可随着太阳移动而不断变化。陶俑模塑的可塑
性也在另一个尺度上与建筑的弧线造型相呼应

弧线墙壁和圆顶天眼构成了棕榈大道的入
口, 而混凝土连桥则穿过入口大门, 将建筑
的两翼连接在一起

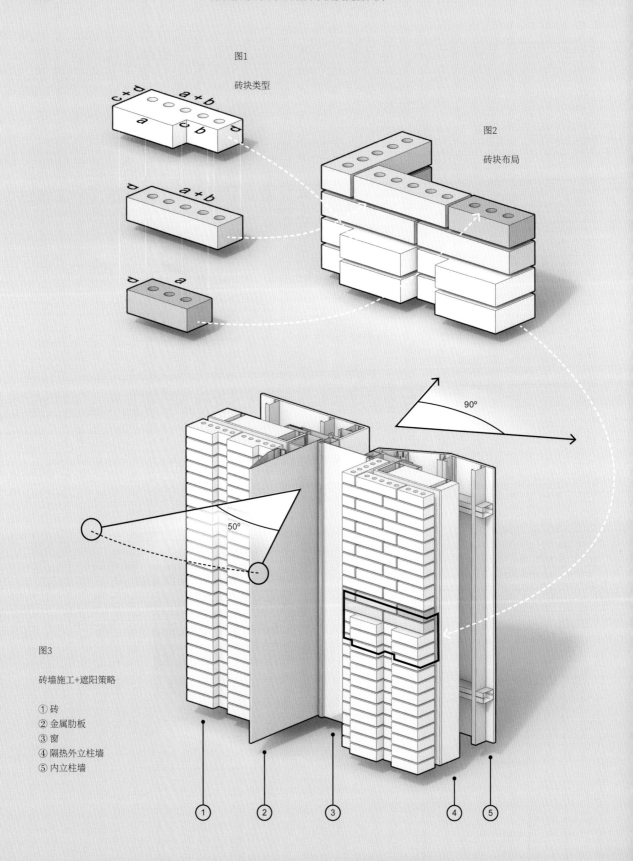

图1

砖块类型

图2

砖块布局

图3

砖墙施工+遮阳策略

① 砖
② 金属肋板
③ 窗
④ 隔热外立柱墙
⑤ 内立柱墙

带凸出铝肋板的大竖窗最大限度地减少了
阳光直射和眩光。窗户内部呈八字形的反
光板可以减少强烈日照所带来的影响

室内外外露现浇混凝土结构

斜柱支撑凸出的斜角体量，并在下方形成行人空间

当圆顶天眼开始成形时，混凝土桥梁穿过大门，将建筑物的两翼连接在一起

砖固定在横跨各楼层的支柱墙上

条形大竖窗横跨多个楼层, 形成随意的切分

当底墙与额外凸出2英寸(≈5.08cm)的L形砖的"楞条"纹理进行砌合时, 弧形墙楞条采用对缝砌法, 以尽量减少施工问题

随着砖块在凹凸表面安装完成, 遮阳庭院开始体现太阳的运动

凸出体量斜面上的托梁砖凸显了其动态性, 而斜柱则体现了其支撑体量的重量

模塑

花卉街11-12号项目
英国伦敦

以自然为灵感的模塑陶瓷通过立面重复图案为狭窄的
伦敦街道注入活力。

　　一个独特的新商业立面为科文特花园保护区内的历史仓库增添了一层现代建筑艺术。店面是花卉街(Floral Street)的一系列"著名建筑"之一,其他还包括现有皇家芭蕾舞团的"渴望之桥"(Bridge of Aspiration)以及KPF设计的花卉苑(Floral Court)地标建筑。历史上,这是一条次要的街道,而现在这些建筑则彰显了花卉街的特殊身份和地位。

　　釉面砖和瓷砖的使用在整个科文特花园很普遍,所以设计决定采用彩釉陶瓷砖(彩陶器)。该建筑在维多利亚时代是种子仓库,而雕塑感瓷砖轮廓的设计灵感正是来源于此,设计采用种子荚的纹理和形状作为精致的重复图案。彩陶的大小、深度和纹理是通过大量采样和原型制作而确定的,从办公室3D打印,到工厂的全尺寸铸件。

业　主:卡普科有限公司(Capital & Counties
Limited, 简称Capco)
面　积:5600m² / 60500ft²
业　态:商业
团　队:布里默洛・麦克斯维尼事务所
(Brimelow McSweeney, 交付建筑师)、达温陶瓦
(Darwen Terracotta, 彩陶板制造商)

左图:花卉街11号的立面构成了长亩街(Long Acre)的景观——这是一条繁忙的商业街,吸引人们驻足探索

上图:科文特花园的许多建筑都有图案和装饰;以贝特曼街(Bateman)和布鲁尔街(Brewer)建筑为例,具体如图所示

图1

木兰种球:
瓷砖图案

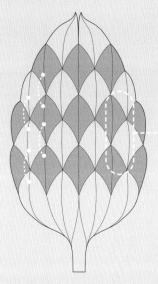

图2

木兰种荚:
找型

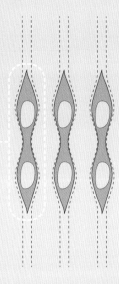

图3

结合:
图案+形状

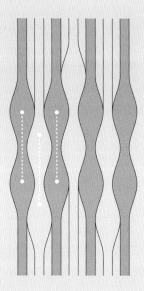

图4

几何造型合理化

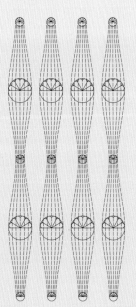

图5

立面

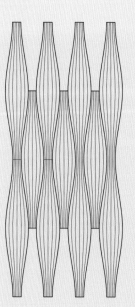

图6

体量

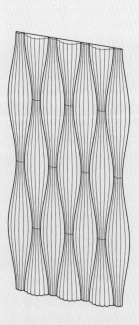

KPF设计师在Rhino中开发模型, 并使用3D打印机测试设计

设计团队利用3D打印原型制作了一个硅模具

将湿石膏倒入模具形成石膏模

利用这些当代技术和旧技术, 创建1:1模型

KPF将模型提供给达温陶瓦，基于此生产瓷砖

测试了多种不同的釉面

由于离KPF办公室很近，设计师们在现场对这些饰面进行了比对尝试

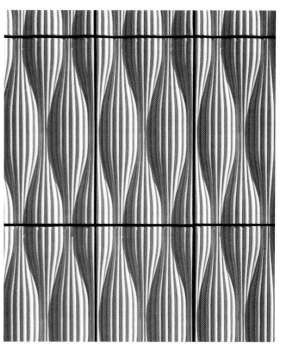

调整最终瓷砖的尺寸，以优化立面模块

图案　　　　　　　新天地朗廷&安达仕酒店
中国上海

对中国传统屏风进行重新诠释, 将两座现
代塔楼融入历史街区。

新天地朗廷&安达仕酒店由两座基因相似的塔楼组成。两座塔楼像一对异卵双胞胎,通过不同的表达方式体现鲜明的个性。在概念设计中,通过材料表达和立面图案将两座建筑联系在一起并彼此区别。朗廷酒店的立面图案具有构造性:其石材模块由移动的矩形体块组成,这些体块相互重叠并以正交相交。而安达仕酒店则采用更有机的图案,用圆形多边形包裹,大小和形状均不同。

塔楼的两种石材处理需要整体设计思维和创造性的制作方法,特别需考虑石材在弯曲的玻璃幕墙上的三维应用。KPF仔细考虑了石材的深度和阴影以及对天气保护的需求。石材挤压件需要充分考虑每个模块内外面的外观,最终通过几轮图案测试和视觉模型确定。最后,两座建筑均使用了相同的水洗饰面,帮助实现建筑的协调统一。这些伸出件还可以作为功能性的屏风,控制内外部之间的透明度。

新天地朗廷&安达仕酒店的最终设计是对中华视觉文化深入研究的直接结果。灵感来自中国历史上两个不同的朝代——朗廷体现了汉朝,而安达仕则体现了唐朝。各个酒店的内部也明晰地展现了各个时期的雕塑图案,这是KPF团队和室内设计师之间密切合作的成功融合。

业　主:瑞安地产
面　积:61800m² / 665000ft²
业　态:酒店
设计团队:利安建筑(Leigh & Orange,
副建筑师)、雷梅迪奥斯·赛姆别达
(Remedios Siembieda, 室内设计师,
朗廷), 超级土豆(Super Potato,
室内设计师, 安达仕)

两家酒店的立面均从新天地周围的石
库门风格的石头建筑以及传统的中国
屏风中汲取灵感

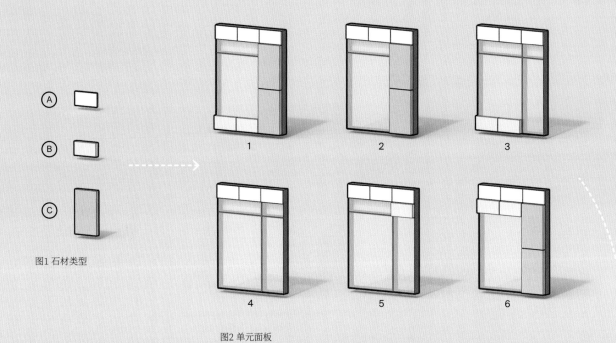

图1 石材类型

图2 单元面板

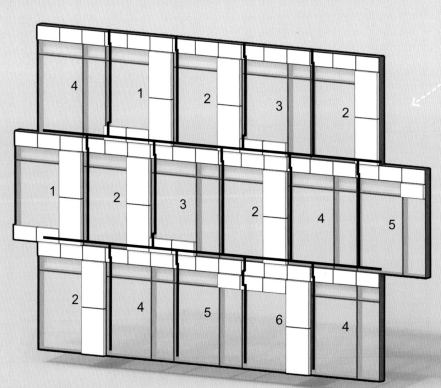

图3 面板立面

石材应用于新天地朗廷酒店的弧形玻璃幕墙,矩形块拼装成重叠的构造图案

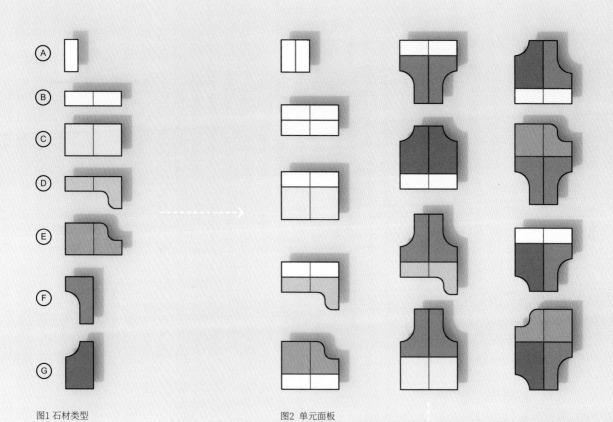

图1 石材类型　　　　　　　　　　　　　　　　　图2 单元面板

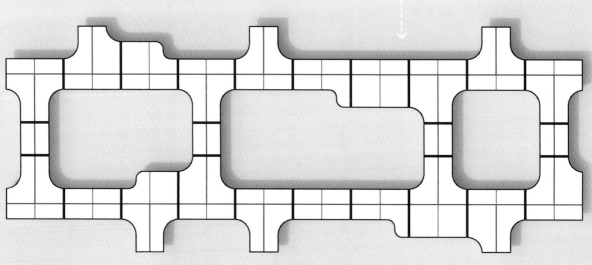

图3 面板立面

当应用于上海安达仕酒店的外立面时,同样的石头以带有圆形穿孔多边形的有机图案创造出独特但互补的表达

在石场审查水洗饰面,展示了两种处理方式:安达仕外墙的半径角和朗廷的直角

团队布置了安达仕的部分石块,以考虑穿孔窗户的有机曲线

通过朗廷墙型的视觉模型,团队能够在组装前检查每个石头模块的内外表面

同时,团队审查了安达仕视觉模型,以确保最终组装件是互补的

安达仕墙型的视觉模型展示了各种形状的精心布置和受石库门背景启发的缓坡, 在英文中翻译为"石拱门"

一张施工照片, 展示了安达仕墙面的互补型玻璃和石材裙楼设计

通过大量的模式测试确定交错矩形朗廷墙模块的最终布置

两个酒店裙楼都对整体立面图案进行了有趣的重新诠释。在朗廷酒店, 五颜六色的灯光通过矩形和 L 形镂空展示

装配　　　　**密歇根大学斯蒂芬·罗斯商学院**
美国密歇根州安娜堡

陶土和砂岩集合构筑富有表现力的大体量建筑。

　　罗斯商学院的外墙采用天然红色陶土、沙漠金砂岩和烧结玻璃，定义人性化尺度，为周围的校园提供了和谐的补充。该项目分两个阶段完成，历时12年，该综合楼将新建和翻新建筑相结合，为学院提供了最先进的世界级商业教育设施。项目主要目标是改变学院文化，设置了具有强烈特征的新前门和一系列紧密结合和鼓舞人心的室内外空间，包括冬季花园，满足了学院精神和社会生活设施需求。

　　从项目开始，团队就在设计深化中优先考虑材料和工艺性。该建筑综合采用陶土、玻璃、木材和纺织品，得益于KPF与制造商和工匠从概念设计到项目收尾的密切合作。设计团队与慕尼黑的一家陶土制造商密切合作，定制垂直凹槽外面板。经过多次参观工厂、多次修改和染色测试，团队决定采用天然红色。陶土的竖向装配系统依靠阴影来形成深度，给人以多种颜色饰面和纹理的错觉，而所有这些都使用的是单一染色材料。这一精心的设计选择打破了无处不在的红土砖风格，扩展了校园现有的建筑风格。

业　主：密歇根大学
规　模：42800m² / 460600ft²
业　态：教育
团　队：安东尼·布莱克（Anthony Blackett，教育规划）

该建筑的陶土立面灵感来自经典屋顶
瓷砖的分层以及艺术和工艺建筑的浮
雕作品, 采用传统的红色染料, 与学校
的砂岩和烧结玻璃相得益彰

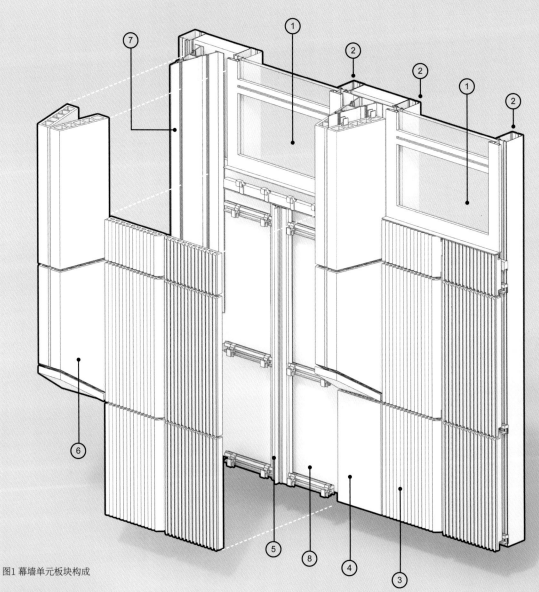

图1 幕墙单元板块构成

① 透明玻璃和烧结面板
② 竖框
③ 槽纹陶土面板
④ 平陶土面板
⑤ 铝型材和扣盖
⑥ 陶土肋
⑦ 陶土肋铝子结构
⑧ 铝背板

虽然建筑的所有陶土面板都使用单一染
料,但其不同的轮廓和竖向装配系统形成
的深度给人以各种颜色饰面的错觉

展示了玻璃、陶土和石材设计理念和材料色板的早期模型

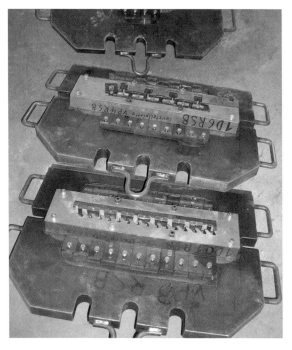

慕尼黑的制造商设计了一系列定制模具来制造每种面板类型

模具用于挤制砖塑形，用于陶土外立面，并确保能够像拼图一样装配在一起

确定设计、展示建筑细木工的陶土面板全尺寸模型

设计团队前往慕尼黑观察工厂的生产情况

在迈阿密的测试设施中，建造了一个两层、全尺寸的陶土面板和幕墙系统模型

喷气发动机测试材料的强度以及墙壁对风和水渗透的响应

在翻新过程中，95%以上的建筑垃圾被回收利用，回收材料补充了室内外建筑材料

共鸣　　　范德比尔特一号
美国纽约

槽纹陶土拱肩使该超高层建筑与其相邻的
地标性建筑协调一致。

与克莱斯勒大厦和帝国大厦一样, 范德比尔特一号是曼哈顿中城天际线的三大地标之一。塔楼底部, 一系列有角度的体量切割在视觉上与邻近的中央车站相呼应, 露出了范德比尔特大道一角——这一景观被遮挡了近一个世纪。为了呼应相邻的这座历史建筑, 设计团队在建筑大厅和拱肩部分选用了陶土——一种天然材料, 灵感来自于中央车站低层的瓜斯塔维诺陶土瓷砖, 类似于建筑的砖石结构, 与附近车站的色调相呼应。

在五年的时间里, 设计团队与克里斯汀·杰顿工作室密切合作, 打造了一种既符合自然环境又足够现代的釉料。作为一种活性材料, 陶土在每一批中都表现出不同的特性, 这对确定其在范德比尔特一号上的使用提出了重大挑战。这需要在真实条件下对一系列模型进行实地测试, 这些模型结合了多种形状和釉料, 与车站大厅和曼哈顿其他历史建筑的暖色调相呼应。最终, 范德比尔特一号整个建筑使用了陶土板, 其形为柔和的勺状, 呈明亮的珠光色。

在整体建筑设计的同时, 团队在大厅的大理石主墙前设计了一个定制的艺术装置, 由540件青铜件组成, 并用几乎难以察觉的1/8英寸 ($\approx$ 0.32cm) 电缆悬挂。在纽约哈德逊谷的一家铸造厂以及澳大利亚布里斯班的一家姊妹铸造厂制作和制造完成, 这些青铜片经过了四个主要表面处理——压花、压制、锤击和抛光, 然后进行了精细的倒角、扭转和其他独特处理。艺术墙重新诠释了建筑的许多对角特征, 同时能够反射光线, 自由浮动的动态感使得大厅和整个广场熠熠生辉。

作为一个整体, 这些设计选择在视觉上具有一致性, 使范德比尔特一号成为纽约市的新地标, 并体现了之前标志性设计的丰富历史和材料工艺。

业　　主: SL格林不动产(SL Green, Hines)
规　　模: 162600m² / 1750000ft²
业　　态: 办公、交通、商业、市民文化
团　　队: 克里斯汀·耶滕工作室(Studio Christine Jetten, 陶釉艺术设计), 波士顿谷地陶板(Boston Valley Terra Cotta, 陶板制作), 城市艺术项目公司 (Urban Art Projects , 艺术墙制作)

上图：图示部分描述了范德比尔特一号和中央车站之间的多级连接。B1层直接与"大厅"连接，同时还连接地铁、地铁北线和长岛铁路

下图：整个中央车站低层区域采用瓜斯塔维诺陶砖，展示了范德比尔特一号的材料灵感

在罗马旅行者之神墨丘利(Mercury)的密
切注视下,玻璃、陶土构筑的范德比尔特一
号拔地而起。赤色陶土位于对角线上,与抬
头仰望天空的瓜斯塔维诺相对应

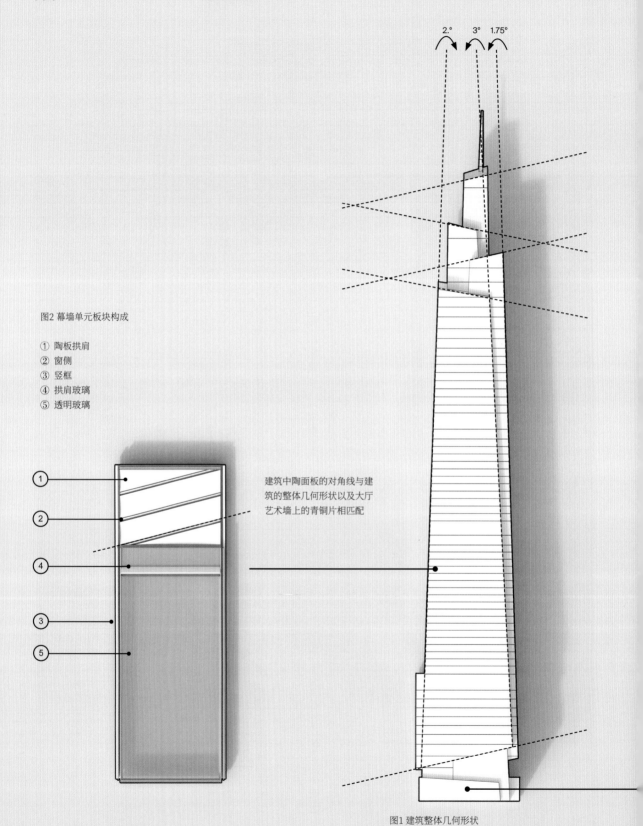

图2 幕墙单元板块构成

① 陶板拱肩
② 窗侧
③ 竖框
④ 拱肩玻璃
⑤ 透明玻璃

建筑中陶面板的对角线与建筑的整体几何形状以及大厅艺术墙上的青铜片相匹配

图1 建筑整体几何形状

图3 大厅艺术墙铜片类型

① 几何形状
② 旋转
③ 材质

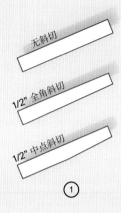

无斜切

1/2" 全角斜切

1/2" 中点斜切

①

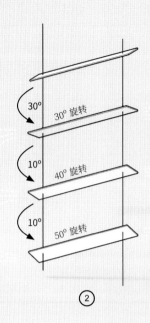

30°　30° 旋转

10°　40° 旋转

10°　50° 旋转

②

强质感, 抛光

强质感, 拭亮

中质感, 拭亮

沙砾感

③

图4 大厅艺术墙总体构成

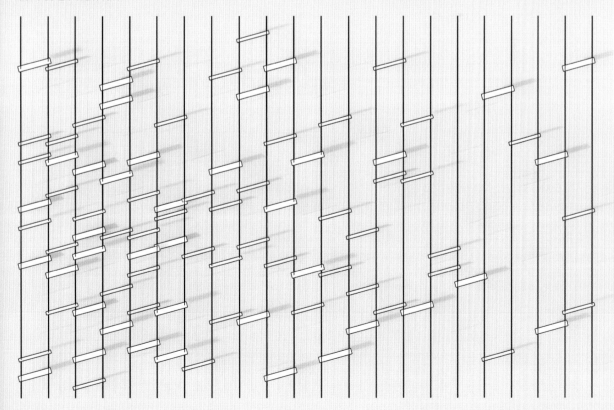

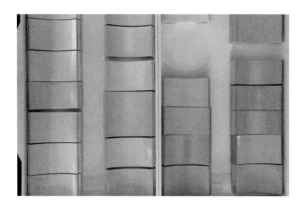

KPF设计团队与纽约州布法罗波士顿谷的陶土制造商进行了釉料研究，以定制陶土立面面板

研究团队前往布法罗对这些釉料进行审查，并在测试瓷砖的背面贴上釉料配方标签

回到纽约后，设计团队在中央车站前的阴凉处和阳光下测试了样品，确保材料色调和谐

最终釉料选择和运用，使其能够集中于每块面板的凹中心处

设计团队与业主SL格林在邻近的列克星敦大道420号的屋顶上审查了所选釉料的较大模型

基于纽约梅尔维尔的一个全尺寸模型，团队可以选择互补的玻璃和金属颜色来完成幕墙

设计团队平行构思了大厅的艺术墙,与澳大利亚布里斯班的城市艺术项目(UAP)合作定制的铜片

设计团队选择了光滑和锤击青铜的四种基本处理方法,以打造出各种光泽和纹理

每块青铜片都贴上了标签,并配有定制支架,以有机图案将其连接在一起,捕捉光线

UAP团队创建了悬挂模型,以测试支架的安全性,并确保铜片能够产生所需的层级效果

悬挂于工厂车间内的最终艺术墙视觉模型,并对大厅大理石样品进行照明测试

在纽约,再次在各种照明条件下对模型进行了测试,以达到理想的现场反射率

磨削

杰克逊广场一号
美国纽约

外形和材料的流动性为这一位于格林尼治村的著
名地点注入了活力。

　　杰克逊广场一号的波纹玻璃带与社区的不同尺度和正式语言相协调,沿着街墙打造出动态感,将格林尼治村地区的建筑和活动反射至周围环境中。

　　大楼的入口通过蜿蜒曲折的大堂再现了其立面的流畅外形。它雕刻的墙壁仿若因年深月久的潮起潮落和居民人流而受到侵蚀的树林,仿佛河流侵蚀着河岸。设计团队最初考虑采用石灰石,而后选择了温暖、奢华和有机的竹子。制作过程包括确定如何组织CNC磨削处理的竹条,以延伸18英尺(≈5.5m)高的大堂。KPF与SITU工作室密切合作,设计了一种优先考虑木纹一致性的设计方案,细的水平线条可以拉伸每件作品的宽度。细长的不锈钢垂直连接每块面板,突出了竹子的轻微光泽。

　　此外,其他的材料细节重申杰克逊广场一号奢华而有机的色调,包括带有圆形天窗的银叶顶棚和镶有鱼肚白大理石圆盘的斑点白色水磨石地板。

业　主: 美国汉斯集团(Hines)
规　模: 6000m² / 65000ft²
业　态: 住宅
团　队: SLCE(助理建筑师)

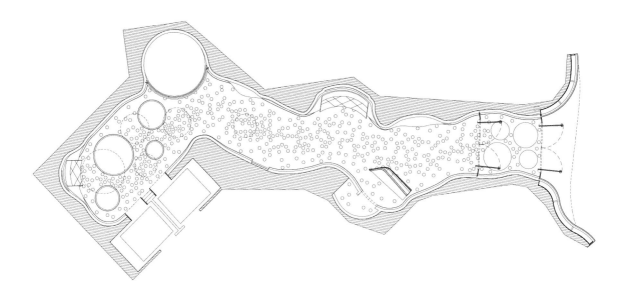

大堂的形状强化了建筑的流
动性，并从河流侵蚀峡谷的外
形中汲取灵感

大堂的墙壁由堆叠和磨削处理过的竹胶合板制
成,通过深入研究和模拟,打造出具有吸引力的水
平纹理

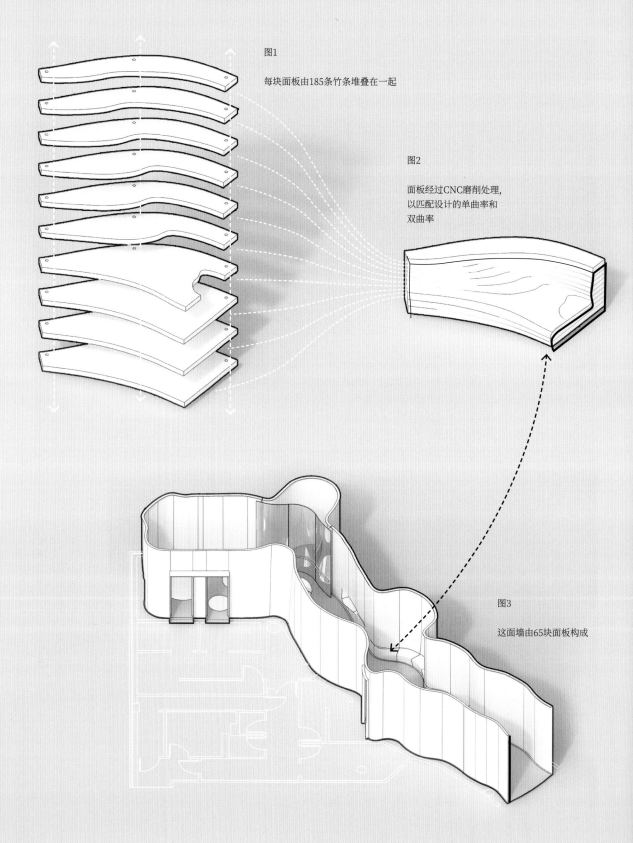

图1

每块面板由185条竹条堆叠在一起

图2

面板经过CNC磨削处理，
以匹配设计的单曲率和
双曲率

图3

这面墙由65块面板构成

团队测试了磨削堆叠方案，以确定大堂墙面的形状

水平分层的胶合板被第二次磨削，以实现面板的三维质量

团队设计了制作墙板的弯曲型材

然后这些型材采用堆叠的形式组织在一起

面板形状嵌套在竹胶合板板材中

嵌套的形状被堆叠成垂直的面板

面板经过打磨，然后完成。在这里，测试面过于光滑，所以团队重新考虑，找到了更加柔软，更加散射光的缎面饰面

一名团队成员检查最终面板之间垂直接合的精度

框架

哈德逊广场55号

美国纽约州纽约市

金属框架立面展现了此前工业环境下高层建筑中单个窗户的尺寸。

哈德逊广场55号与哈德逊广场大型开发项目的现代外形相结合,同时融合其他元素与附近庄严的SOHO区立面和高线公园以及肉库区的工业背景相补充。

该项目的立面设计对铸铁建筑的结构语言进行了当代诠释,使用现代形式来表达传统特征,如统一的组成、立柱、层间板和预制建筑。现代材料和制造技术将铸造铝组件取代铸铁,并引入高性能、有质感、哑光金属涂层,使人联想到工业建筑的深色。先进的玻璃涂层技术产生了高水平的透明度和低水平的反射率,同时优化了能源效率。

立面采用了在外金属框架中铸造、制造和挤压的铝构件,向社区的建筑历史致敬,但摒弃了过多的参考。铝构件为外立面带来高度质感的美感,并通过引起人们对建造过程和制作行为的关注来强调建筑的物理存在。与附近的铸铁立面相似,建筑通过在立面中表达工艺和品质,带来耐久性和永久性之感。

KPF整合了由工厂、制造商、工程师和制造商组成的网络,在整个过程中促进了立面的开发。该项目在生产单元之前生产了多个样品、原型、模型和基准,设计团队能够询问材料、饰面、生产技术和构造策略的各个方面。从而,在建筑的类型学和语言与其建造方式之间建立内在的联系。

业　主: 瑞联集团(Related Companies)
面　积: 120800m² / 1300000ft²
业　态: 办公、商业

建筑的阶梯式开窗模块从邻近的肉库区的经典铸铁外墙系统中汲取灵感

图1

通过大模具挤压制作垂直
和水平构件

图2

用砂模铸造较小的转构件

图3

较大的角单元被切割成
板材并手工焊接成单元
化构件

焊缝和磨光

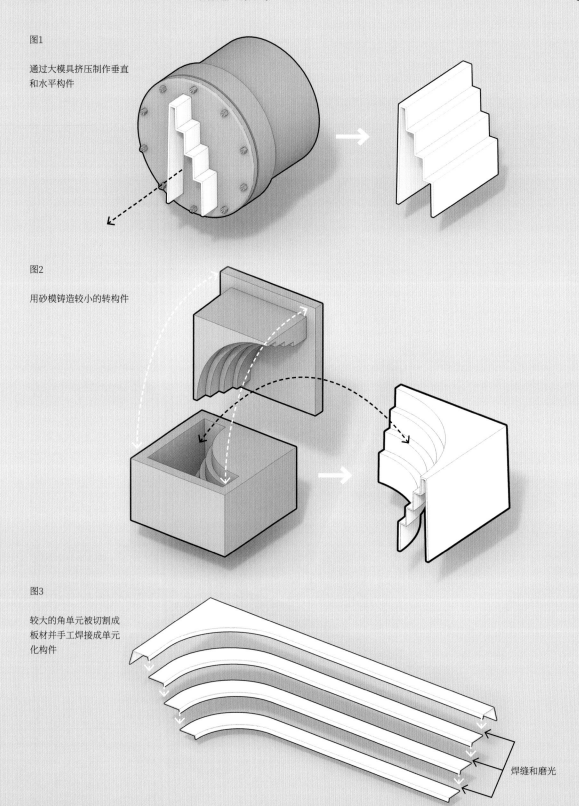

在现场安装窗户模块,将铸造、制造和挤
压铝构件与其外金属框架相结合

早期的原型帮助 KPF 研究外形、材料和饰面特性的潜力

这些选择为设计过程提供了指导，并成为立面设计开发的基本出发点

现场安装的视觉模型有助于确认所有立面组件的轮廓、外形和几何形状

团队审查典型细节的组装、技巧和工艺，确定了玻璃和涂层，并选择最终材料、颜色和饰面

对最终工程系统细节进行测试, 以最终确定新型材料、专业饰面和独特组件的应用

这些性能测试确保了设计的严格技术和性能要求得到满足

该团队在设计过程的早期利用了外墙制造商和工程师的知识和资源, 以确保设计意图的可行性和有效性

从而, 在整个生产过程中, 概念基础和材料执行之间的关系可以保持一致, 在现场创建出预制构件的简化版组装过程

制造

彼得森汽车博物馆
美国加利福尼亚州洛杉矶

从汽车设计的风格和材料中汲取灵感, 设计出应用在现有建筑上的起伏影壁。

博物馆的改造体现了美国文化中汽车的艺术和遗产。钢制"丝带"包裹着红色的波纹铝制屏风,模仿汽车的车身,同时与博物馆现有结构系统相连。看似随意的设计,通过战略性的位置和起伏的丝带唤起了运动感,象征着光在快速移动的物体上拖曳的滑流效应。这些弧状设计,既包裹了建筑,又层叠其上,在KPF和著名的工程和制造公司扎纳(A. Zahner)公司的合作下完成。

扎纳的专利技术使博物馆雄心勃勃的设计落地实施,这些设计在项目的每个阶段均需细节和精确。在全尺寸设计模型的协助下,通过几轮测试解决了各种与建筑和设计相关的问题,包括外墙不锈钢骨架的开发和选择理想的红色来涂铝表面。团队还计算了钢材从垂直立面到水平屋顶的 45°角过渡,打造出一个支持社区聚会并在炎热天气中提供遮阴的雨篷。

不锈钢丝带采用加大的紧固件,经过翻滚和软化以捕捉非定向光线,并在其内部涂上红色以产生明亮和空灵的效果。

业　主: 彼得森汽车博物馆
面　积: 12500m² / 135000ft²
业　态: 市政+文化
团　队: 扎纳公司(A. Zahner, 制造商)
豪斯与罗伯逊建筑事务所(House & Robertson
建筑事务所, 执行建筑师)

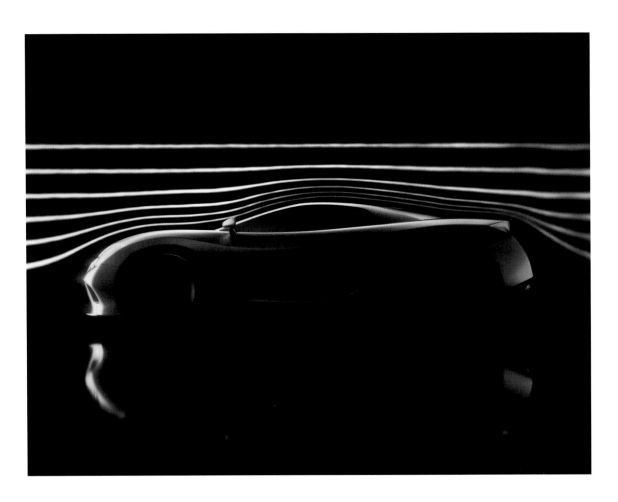

彼得森博物馆的设计灵感来源于汽车
的工程和制造

沿着费尔法克斯大道向北望去，可以
看到悬臂丝带支撑向外延伸，为博物
馆打造出户外空间

图1

① 原铝屏风
② 波纹金属板
③ 暴露结构件
④ 现有建筑

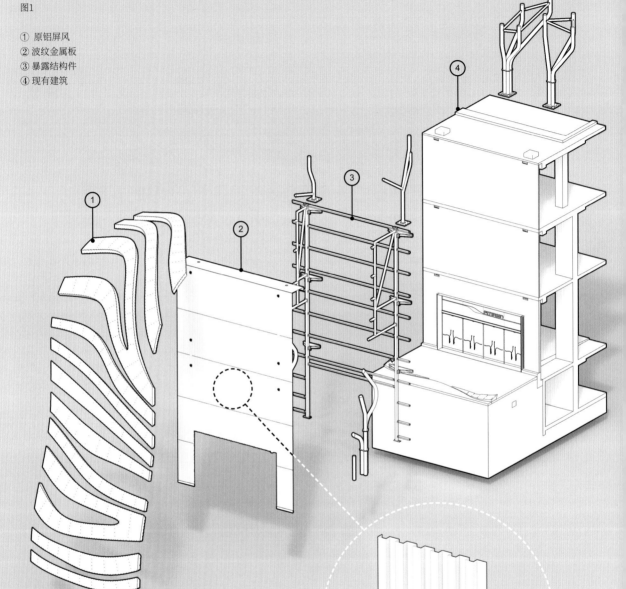

图2 手弯波纹金属板

全尺寸的转角模型,帮助团队研究丝带如何与建筑连接

该模型还提供了一个丝带内部支撑结构的视野

通过专家测试清洁非定向不锈钢板,以确保材料的耐用性

该团队在各种光线条件下评估了最终模型

在模型测试完成后, 在扎纳堪萨斯城的店铺生产了最后一段丝带

完成的丝带段被堆放起来, 准备运往洛杉矶

丝带段被定向放置在平板上, 因为它们将被卸载并连接至博物馆的结构上

这些丝带被组装在建筑的柱状开间结构上。在支撑处, 面板留下空间, 用于机械连接和最终校准

编码　　　**迈克·高仕静安店**
　　　　　　　中国上海

发光的图案表皮，变化多样且重复，模拟运动的光学效果。

作为迈克·高仕(Michael Kors)奢侈品牌在亚洲的第一家旗舰店，以及KPF设计的首个零售店立面原型，位于静安嘉里中心的迈克·高仕静安店是两家公司的重要里程碑。

该店位于城市主要购物街南京西路的临街面，基于零售立面设计趋势的考虑，KPF解决了一个关键问题：采用哪种最闪亮的材料，以使得店面在周围店铺中脱颖而出？

首先，采用背光金属瓦的决定借鉴了公司的品牌标识，展示出精致的抛光和材料的丰富性。它还融入了奢侈品可以独立于标志而存在的概念，在不夸大其品牌的情况下彰显迈克·高仕的重要性。受照明设计师专业知识的影响，这些属性使店面成为繁忙走廊上的灯塔，一个发光的灯笼，更大的综合体的入口。

团队发明了一种连接物理和数字制造的定制工作流程，通过瓦料和图案确保了从任何角度、白天或晚上的最大光反射率。随着访客接近商店，外观似乎不断变化。团队在Grasshopper上设计了一个创造性的数学系统，将短单元和长单元拼接成垂直组合，然后将它们聚合成看似随机的图案。位于反射环境光的白色垂直条之间，瓦材由镀银钛铝制成，并呈现类似于大理石皮革的纹理。从而打造出立面切分外观，尽管它错综复杂，但仍然清晰可见。

与上海这座城市一样，该项目在细节方面也非常全球化：每块面板的立面和图案均由KPF纽约办公室设计，由德国采购的金属组成，在中国南方制造，并在现场手动组装。

业　主：迈克·高仕(Michael Kors)
面　积：500m² / 5000 ft²
业　态：商业
团　队：蒂洛森设计公司(Tillotson Design Associates, 灯光设计)

立面设计的灵感来自应用于时尚品
牌产品中运用的复杂的金属和纺织
品工艺

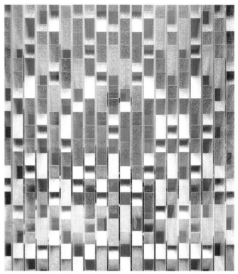

视觉兴趣从整体角度延伸至最精细的
立面细节

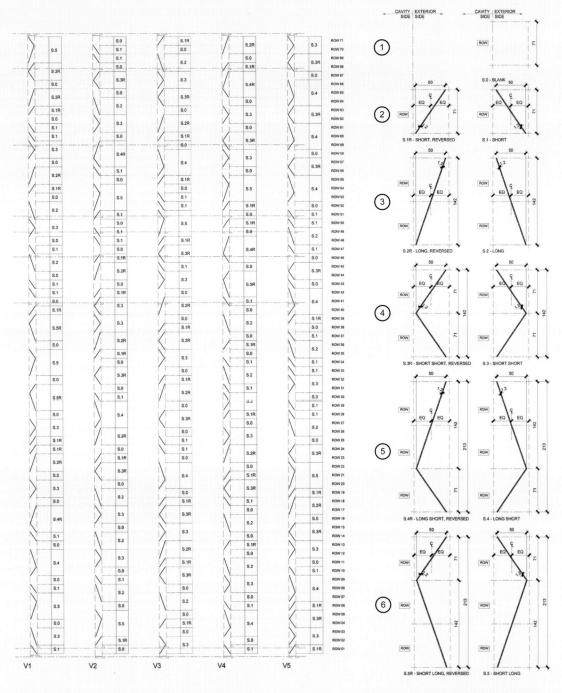

图1 布置了五种独特竖向堆叠方式   图2 打造出六种建筑模块及镜像

确定了三种基本格子
类型及镜像

形成了六种建筑模块
及镜像

布置了五种独特竖向堆
叠方式

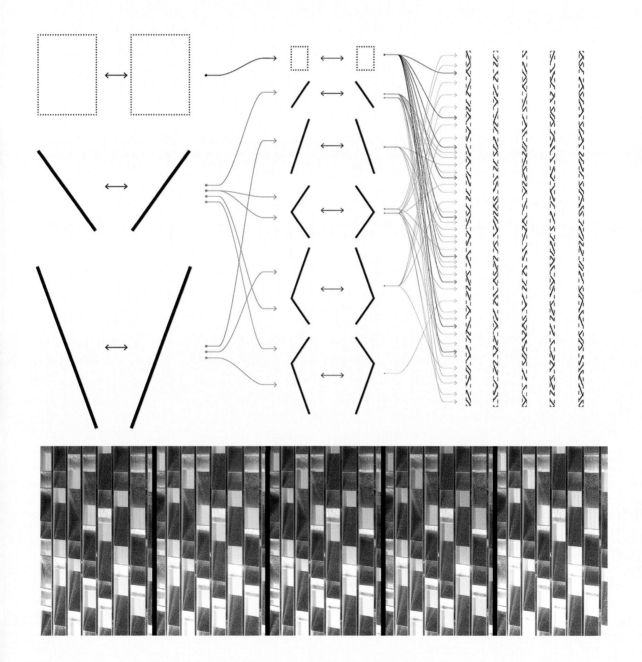

团队制作并审查了重复格子的材料样本

他们选择了带纹理的镜面铝材来搭配迈克·高仕手提包的皮革质感

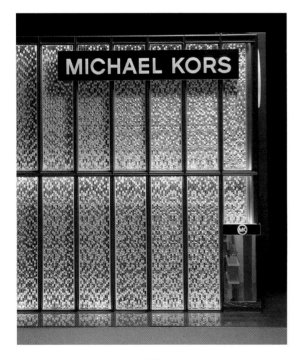

小型模型有助于审查带有照明的材料选择

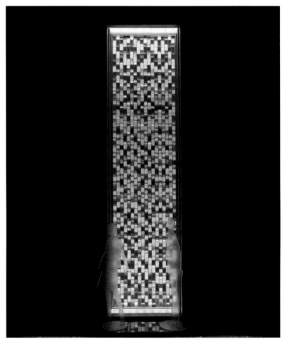

照明测试使团队能够在白天和晚上观察环境

该团队审查了小型模型上的精确加工元件的额外照明测试

模型的细节显示了墙壁的精确几何形状如何实现反射光的效果

团队利用加工铝型材的全尺寸模型评估了重复图案的影响

与迈克·高仕包的直接比较验证了铝制压痕与皮革的准确相符

KPF出品
巡回展览

KPF出品巡回展览

本书的起源是KPF出品的系列展览，突出了公司在工艺上的成就，从超高的摩天大楼到低层社区。

2018年5月，第一届KPF出品展在北京清华大学建筑学院举行，展出了来自该公司全球项目的图像、模型和材料样品

继在北京清华大学首次亮相后，KPF出品展又来到了香港中文大学、杭州的浙江大学、深圳华润大厦、上海新天地，最后来到了布宜诺斯艾利斯国际建筑双年展。每个阶段都展示了一些精选的项目，它们代表了不同的类型，强调了当地文化和景观的融合。

案例研究（其中很多都包含在本书中）记录了精心而复杂的选择、制造和应用材料的实践，他们强调了制造者的角色和计算建筑的未来。展出的模型、材料样品和视频探索了每个建筑细节的环境，从亲密的、微观尺度的材料样本到复杂的、宏观的空中背景图像。结果是建筑师成为合作者、研究者、问题解决者和制造者。

KPF全球办公室的建筑师和员工组织并参加了这些展览，通过在每个场馆举行的讲座和对话与与会者分享他们的经验。

学生和KPF同事们参加了在香港中文
大学举行的展览开幕招待会(左上),
在随后的深圳活动中, 在KPF设计的
超高层中国华润大厦的大厅内(右上)
以及在浙江大学(下), 参观者们观看
了精致的建筑模型

KPF领导层

创始人

A. Eugene Kohn, FAIA RIBA JIA
William Pedersen, FAIA FAAR
Sheldon Fox, FAIA
William C. Louie, FAIA

执行总监

James von Klemperer, FAIA RIBA
Forth Bagley, AIA
John Bushell, ARB RIBA
Josh Chaiken, AIA
Bernard Chang, AIA HKIA 1RA-PRC
Mustafa Chehabeddine, ARB
Rebecca Cheng, RIBA HKIA 1RA-PRC
Terri Cho, AIA
Andrew Cleary, AIA LEED AP
Claudia Cusumano, AIA LEED AP
Shawn Duffy, AIA
Dominic Dunn, AIA LEED AP
Bruce Fisher, AIA
Elie Gamburg, AIA LEED AP
Brian Girard, AIA
Rebecca Gromet, AIA LEED AP BD+C
Peter Gross, AIA LEED AP BD+C
Charles Ippolito, AIA LEED AP BD+C
Philip Jacobs, ARB RIBA
Hana Kassem, FAIA NOMA LEED AP WELL AP
Jeffrey A. Kenoff, FAIA
Marianne Kwok, AIA
Jill N. Lerner, FAIA
Ko Makabe, AIA
Jorge E. Mendoza, AIA
Inkai Mu, AIA
Richard Nemeth, AIA
Lauren Schmidt, AIA LEED AP BD+C
Lloyd Sigal, FAIA
Paul Simovic, ARB RIBA
Trent Tesch, AIA
Jochen Tombers
Hugh Trumbull, AIA
Robert C. Whitlock, FAIA

总监

Shiju Balakrishnan, LEED AP
Theodore Carpinelli, AIA
Francesco Casella, RIBA ARB OACCP
Carlos Cerezo Davila
Florence Chan, AIA HKIA LEED AP 1RA-PRC
Chad Christie, AIA LEED AP BD+C
Brian Chung
Samantha Cooke, AIA
Francisco J. Cruz, AIA
David Cunningham, AIA
Daniel Dadoyan, AIA LEED AP BD+C
Yong Ding, 1RA-PRC
Hidehisa Furuta

Javier Galindo, FAAR
Robert Graustein
Jonah Hansen, AIA
Jens Hardvendel, MAA ARB RIBA
Chris Hill, ARB
Reilly Hogan, AIA
Manman Huang
Rutger Huiberts, AIA
Kazuki Katsuno, JIA
Richard (Hyun Soo) Kim, AIA LEED AP
Min Kim, AIA
Laura King, AIA
Andrew Klare, ASSOC. AIA
Cindy Kubitz
Yee Tak Lau, AIA RIBA HKIA 1RA PRC LEED AP
Ana Leshinsky, AIA LEED AP BD+C
Grace Liao, AIA LEED AP WELL AP
Leif Lomo
Jenny Martin
Nicole McGlinn-Morrison, AIA LEED AP BD+C
Greg Mell, AIA
James Miles, ARB
Maciej Olczyk, ARB RIBA LEED AP
Callie Omojola, AIA
David Ottavio
Jinsuk Park
Karen Pui, ARB RIBA LEED AP
Enrique Ramos Melgar, ARB RIBA LEED AP
Devin Ratliff, AIA LEED AP BD+C
Sean Roche, ARB RIBA LEED AP
Javier Roig
Annie Savage, AIA
Jerri Smith, LEED AP BD+C
Brian Spring, AIA
Michiko Sumi, ARB RIBA
Rachel Villalta, ASSOC. AIA
Pamela Wackett
Luc Wilson
John Winkler, AIA LEED AP
Angela Wu, AIA
Xiong Yi, 1RA-PRC
Darina Zlateva, AIA

高级副总监

Sibel Akcan, LEED AP BD+C
Christopher Allen, AIA LEED AP BD+C
Maria Banasiak
Rodney Bell
Britton Chambers, AIA
Michelle Chan
Joyce Chen
Patrick Cheung, AIA LEED AP
Erica Cho, AIA
Shane Dai
Angela Davis
Dora Dong, RIBA HKIA 1RA-PRC
Shaoxuan Dong
Victoria Dushku, AIA
Sam Edward
Ozlem Ergen, AIA TMMOB

Alison Flaherty, ARB
Kesler Flores
Sammy Gao
Ralph Gebara
Charles Gibault, ARB
Myriam Hamdi
Ji Soo Han
Asako Hayashi, ARB RIBA
Courtney Higgins, ASSOC. AIA
Kingsley Ho, AIA
Fredy Holzer Feliu
Wenny Hsu, AIA
Wei Hu, 1RA-PRC
Steffen Kleinert
Paulina Kolodziejczyk
Alex Kong, AIA RIBA
Georgina Lalli, AIA
Amy Langford
Hyunwoo Lee
Louis Li, 1RA-PRC
Devon Loweth Babel, AIA NCARB
Luke Lu, AIA
Simone Luccichenti, ARB RIBA LEED AP
Emily Kassardjian, AIA
Alex Miller, AIA
Jihwan Moon
Katherine Moya-Ramirez, ASSOC. AIA
Blanche Nunez, LEED AP BD+C
Takeshi Obata, AIA
Satoshi Okawara
Romina Olivera-Zuniga, AIA
Charles Olsen, ARB RIBA
Su Jin Park
Anna Pietrzak
Amanda Prins, AIA
Franz Prinsloo
Veronica Quintero
Lane Rapson, AIA
Mark Rayson
Rosa Rius Garcia, ARB
Katsu Shigemi, AIA LEED AP BD+C
Steven Smolyn, ASSOC. AIA LEED AP BD+C
Aleksandra Sojka
Bo Youn Song
Sean Stadler, AIA
Rob Starsmore, ARB
Martin Tang, ARB
Charles Tsang, AIA
Wen-yu Tu, AIA LEED AP
Octavio Ulloa-Thomas, ASSOC AIA
Louis Vorster
Andrew Werner, AIA LEED AP
Michael Wetmore, AIA
Martin Wilding, ARB RIBA
Simon Wimble
Zheng Wu
Di Xia, AIA
Chen Yang
Lester Yu
Tim Yu, ARB RIBA
William Yu Mao, COAC

副总监

Elias Anka
Chandler Archbell, AIA
Frankie Au, AIA LEED AP
Andrea Basney
Samiyah Bawamia, ARB
Orkun Beydagi
Pedro Camara
Nick Cao, AIA LEED AP BD+C
Scarlett Chang
Sijie Chen
Sizhe Chen
Wenxin Chen, AIA
Xi Chen, 1RA-PRC
Edith Cho
John Chu
H Clark
Natale Cozzolongo, AIA
Kamilla Csegzi
Zhencheng Cui, 1RA-PRC
Carmine D'Alessandro, AIA
Michael DeGirolamo
Sean Dempsey, LEED AP BD+C
Oriol Diaz Ibanez, ARB
Angie Dong, 1RA-PRC
Eric Engdahl, AIA
Frank Fan, ARB RIBA
Luan Feng
Ross Ferrari
Tin Yiu Fung, RIBA HKIA
Xianyan Gong
Diana Guedes Afonso
Sydney Hamner, AIA
Shannon Hayes
Aaron Ho, ARB
Priscilla Ho
Joseph Hong, AIA LEED AP BD+C
John Hooper, AIA
Shaoliang Hua
Wenqi Huang, AIA LEED AP
Gerald Huber, LEED AP
Maria Hurtado Ortiz
Alex Huseman
Vasilis Ilchuk, ARB RIBA
Tugba Ilhan
Juan Jimenez
Michael Kirschner
Nitzan Koren
Patrick Lam, ARB
Kiyong Lee, AIA LEED AP
Leif Lee
Dan Li, AIA LEED AP BD+C
Victor Llavata Bartual, ARB
Alexander Lightman, AIA
Brendan Lim
Johnny Lin, AIA
Chao Liu, AIA
Yi Lu, ARB RIBA
Jackie Luk, AIA LEED AP BD+C
Rayka Luo

James Ma
Karim Mahmoud, LEED AP BD+C
Gabriel Morales Villegas
Rachel Muse, WELL AP
Masahiro Nakamura, ARB
Andrew Nicolaides
Kerry Ngan, ARB RIBA LEED
Asli Oney
Gokhan Ongun
Kimberly Orrego
Sean Ostro, ASSOC. AIA
Vicky Pan
Cristian Piwonka Spichiger
Chris Popa, AIA
Katherine Ridley, ARB RIBA
Leonardo Rodriquez
Ladane-Amelie Rongere, ASSOC. AIA WELL AP
Karin Roosemont
Chen Shao, LEED AP
Steven Shi, ARB
Weite Shi, 1RA-PRC
Magdalena Skop
Mengshi Sun
Dakota Swainson
Edmund Tan, ARB RIBA
Olga Tarasova
Ayman Tawfeeq
Ringo Tse
Timo Wang
Xiyao Wang, LEED AP
Momo Wei
Charles Wong, AIA LEED AP BD+C
Ronald Wong, ARB RIBA
Vivian Yang, AIA
Yi Yang
Yafei (Yoyo) Zhang, AIA LEED AP BD+C

图片索引

纽约
11 West 42nd Street
New York, NY 10036
United States
T +1 212 977 6500

伦敦
7a Langley Street
London, WC2H 9JA
United Kingdom
T +44 (0)20 3119 5300

旧金山
650 California Street
San Francisco, CA 94108
United States
T +1 415 944 5491

柏林
Jaegerstrasse 58-60
10117 Berlin
Germany
T +49 (0)30 209 659 680

香港
810-815 Jardine House
1 Connaught Place
Central
Hong Kong
T +852 2899 6500

上海
119 Madang Lu, 6F,
Xintiandi
200021 Shanghai
China
T +86 21 2326 7777

新加坡
18 Robinson Road
#19-02 18 Robinson
Singapore 048547
T +65 6868 4000

首尔
230 Teheran-ro, 10F
Gangnam-gu
Seoul 06221
Republic of Korea
T +82 2 2192 8000

深圳
2666 Keyuan South Road, Nanshan
Unit 2501, 25/F
518054 Shenzhen
China

细品

图书在版编目（CIP）数据

细品 / KPF建筑设计事务所著.--北京：中国建筑
工业出版社，2023.11
ISBN 978-7-112-29270-7

I.①细… II.①K… III.①建筑设计一研究 IV.
①TU2

中国国家版本馆CIP数据核字(2023)第193609号

责任编辑：徐明怡
责任校对：刘梦然
校对整理：张辰双

细品

KPF 建筑设计事务所　著
*
中国建筑工业出版社出版、发行（北京海淀三里河路 9 号）
各地新华书店、建筑书店经销
天津裕同印刷有限公司印刷

*
开本：787 毫米 × 1092 毫米　1/16　印张：14　字数：219 千字
2024 年 4 月第一版　　2024 年 4 月第一次印刷
定价：**178.00 元**
ISBN 978-7-112-29270-7
（41982）